What is Calculation?

1. Calculation builds the foundation of STEM subjects;
2. Calculation training is progressive;
3. Calculation practice prioritizes accuracy over speed;
4. Calculation cultivates patience and carefulness.

How did you come up with all the questions in the book?

The most experienced research teachers of different grades wrote all the questions. Concluding the students' learning curves, we adapted to the level of CCSSM or higher and sorted out the difficulty levels of this book according to the enormous question bank that Think Academy accumulated over the past 10 years.

How can I use this book for exercises?

【Schedule】

One round is 21 days. It takes 10 minutes to complete daily exercise.

You can complete one round of practice in one month or start a second round after an interval of one week, but make sure to complete each round within one month.

【Question type and Difficulty levels】

Sum of numbers no greater than 10 (+)
Sum of numbers no greater than 20 (+)
Addition with carry (+)
Subtraction of numbers no greater than 10 (−)
Subtraction of numbers no greater than 20 (−)
Subtraction with carry (−)
Addition and subtraction of three numbers (±)

Notes:

Corresponding icons will show on top of the pages;
Icon color signifies the difficulty level of a section.

【Checking and Reflection】

1. Please time yourself
2. Scan the QR code on each page to check your answers
3. Mark the incorrect answers and rewrite them in the Reflection Box
4. Grade the section by coloring the stars

【Grading】

All correct answers: 3 Stars
1-3 incorrect answers: 2 Stars
4-8 incorrect answers: 1 Star
You can get an extra star if you record and review all incorrect questions.

+ Day 1 −

Basic Arithmetic Practice

1+3=   3+2=   3+1=

2+2=   1+1=   3−2=

5−2=   5−3=   3−1=

4−3=   0+3=   0+2=

0+5=   0+4=   2+0=

More Challenges

1+1+1=   2+1+2=

0+1+4=   3+1+1=

Evaluation: ☆ ☆ ☆

reflection

+ Day 2 −

Date: _____ Time: _____ Mood: _____

Basic Arithmetic Practice

2+1=   2+3=   1+2=

4+1=   1+4=   3−1=

5−4=   5−1=   3−2=

2−1=   3+0=   5+0=

1−0=   3−0=   4+0=

More Challenges

2+0+0=   1+0+3=

1+1+0=   2+2+1=

Evaluation: ☆ ☆ ☆

reflection

+Day 3 –

Basic Arithmetic Practice

3–2=	4–2=	2–1=
5–3=	4–1=	5+0=
4–3=	0+0=	1+2=
3–1=	7+2=	1+5=
2+6=	5+3=	2+7=

More Challenges

6+4–5=   7+3–2=

4+5–6=   2+1–2=

Evaluation: ☆ ☆ ☆

reflection

+ Day 4 −

Basic Arithmetic Practice

5+2=	4+2=	5+3=
6+2=	6+3=	6+1=
7+1=	2+5=	3+6=
5+4=	1+7=	2+4=
0+6=	7+0=	7+2=

More Challenges

1+3−3=	1+8−1=
4+5−1=	6+3−1=

Evaluation: ☆ ☆ ☆

reflection

+ Day 5 −

Basic Arithmetic Practice

$8-3=$ $7-6=$ $9-8=$

$7-3=$ $6-5=$ $8-5=$

$7-7=$ $9-6=$ $7-5=$

$6-4=$ $9-4=$ $6-1=$

$6-0=$ $7-4=$ $8-2=$

More Challenges

$2+3+3=$ $4+1+2=$

$5+1+3=$ $7+1+0=$

Evaluation: ☆ ☆ ☆

reflection

+ Day 6 −

Basic Arithmetic Practice

1+ (   ) =3   4+ (   ) =4   2+ (   ) =3

1+ (   ) =5   3+ (   ) =5   4− (   ) =3

5− (   ) =0   5− (   ) =3   2− (   ) =2

1− (   ) =1   5− (   ) =5   1+ (   ) =4

5+ (   ) =5   5− (   ) =1   4− (   ) =1

More Challenges

3+6−8=   8−0+1=

1+2+5=   6−2+1=

Evaluation: ☆ ☆ ☆

reflection

+ Day 7 −

Basic Arithmetic Practice

5+ (   ) =5   2+ (   ) =4   2+ (   ) =5

1+ (   ) =4   3+ (   ) =4   4+ (   ) =5

2+ (   ) =3   1+ (   ) =2   2− (   ) =1

5− (   ) =3   3+ (   ) =5   5+ (   ) =5

8− (   ) =8   9− (   ) =4   7− (   ) =0

More Challenges

2+7−9=   5+2−4=

8−3+2=   8−8+1=

Evaluation: ☆ ☆ ☆

reflection

+ Day 8 −

Basic Arithmetic Practice

7– (   ) =5   8– (   ) =3   8– (   ) =8

9– (   ) =9   6– (   ) =5   7– (   ) =4

8– (   ) =6   7– (   ) =1   7– (   ) =3

8– (   ) =0   7– (   ) =0   5+ (   ) =9

2+ (   ) =5   3+ (   ) =8   4+ (   ) =6

More Challenges

7+1+1=   5+2+4=

1+6+1=   2+7−4=

Evaluation: ☆ ☆ ☆

reflection

+ Day 9 −

Basic Arithmetic Practice

9− (   ) =1   7− (   ) =2   9− (   ) =6

6− (   ) =1   6− (   ) =0   6− (   ) =5

4− (   ) =2   8− (   ) =1   6− (   ) =1

7− (   ) =5   8− (   ) =5   4− (   ) =2

3+ (   ) =8   6− (   ) =3   7− (   ) =4

More Challenges

7−4+5=   5−2+4=

3+6−4=   3+2−1=

Evaluation: ☆ ☆ ☆

reflection

+Day 10 −

Da[ ]e: _____ Ti[ ]e: _____ Mo[ ]d: _____

Basic Arithmetic Practice

9− (   ) =2   6− (   ) =0   8− (   ) =2

6− (   ) =4   7− (   ) =5   8− (   ) =1

9− (   ) =4   9− (   ) =8   6− (   ) =5

7− (   ) =2   8− (   ) =4   4+ (   ) =5

7− (   ) =1   7− (   ) =4   9− (   ) =3

More Challenges

2+4+2=   2+2+2=

3+3+1=   1+6−5=

Evaluation: ☆ ☆ ☆

reflection

Da📅e: _____ Ti🕐e: _____ Mo😊d: _____

Basic Arithmetic Practice

5 (   ) 3+0   3+1 (   ) 5   2+2 (   ) 5

2+3 (   ) 1   1+2 (   ) 4   3+1 (   ) 2

2+3 (   ) 4   1+4 (   ) 5   1+1 (   ) 3

2–1 (   ) 3   4–1 (   ) 1   3–2 (   ) 3

5–2 (   ) 2   3–2 (   ) 4   5–4 (   ) 1

More Challenges

5+1+1=   7–2+4=

2+7–9=   0+8–2=

Evaluation: ☆ ☆ ☆

reflection

+Day 12 −

Da📅e: _____ Ti🕐e: _____ Mo😊d: _____

Basic Arithmetic Practice

1+2 ( ) 2	1+3 ( ) 5	2+3 ( ) 4
1+4 ( ) 5	1+1 ( ) 3	1+2 ( ) 2
2+1 ( ) 2	3+1 ( ) 4	4+1 ( ) 5
2+2 ( ) 3	3−1 ( ) 5	4−1 ( ) 3
5−1 ( ) 1	3−2 ( ) 4	4−3 ( ) 4

More Challenges

6−2−1=   5−1−2=

3+6+1=   9−7+2=

Evaluation: ☆ ☆ ☆

reflection

+Day 13 −

Basic Arithmetic Practice

7+1 (   ) 9   7 (   ) 5+1   6 (   ) 3+4

8 (   ) 7+1   6+2 (   ) 8   0+6 (   ) 6

8+1 (   ) 8   7−3 (   ) 3   6−1 (   ) 4

7−2 (   ) 5   9−6 (   ) 5   8−5 (   ) 3

9−2 (   ) 8   8−1 (   ) 6   7−2 (   ) 6

More Challenges

7−1−1=   3+2−5=

3+6+0=   2+0−1=

Evaluation: ☆ ☆ ☆

reflection

+Day 14−

Basic Arithmetic Practice

9+0 (　　) 9　　　　5+2 (　　) 8　　　　1+6 (　　) 8

2+6 (　　) 7　　　　6+1 (　　) 7　　　　1+5 (　　) 9

5+1 (　　) 7　　　　7−2 (　　) 5　　　　8−6 (　　) 3

9−3 (　　) 6　　　　4−2 (　　) 6　　　　8−3 (　　) 4

8−5 (　　) 3　　　　9−7 (　　) 1　　　　3+5 (　　) 9

More Challenges

7−6+2=　　　　　　　　8−4+5=

9−7+3=　　　　　　　　6−5+2=

Evaluation: ☆ ☆ ☆

reflection

+Day 15 −

Basic Arithmetic Practice

1+8 ( ) 9   3+5 ( ) 8   5+1 ( ) 6

6+2 ( ) 9   5+1 ( ) 6   1+5 ( ) 7

7−3 ( ) 5   4−3 ( ) 2   9−3 ( ) 4

7−1 ( ) 2   1+5 ( ) 7   7−3 ( ) 5

4−3 ( ) 2   9−3 ( ) 4   7−1 ( ) 2

More Challenges

9−5−2=   8−2−4=

9+0−7=   4+1+4=

Evaluation: ☆ ☆ ☆

reflection

+Day 16-

Basic Arithmetic Practice

3+2 (   ) 1+4   3−2 (   ) 3+2   5−4 (   ) 2−1

5−2 (   ) 1+1   5−2 (   ) 1+4   1+2 (   ) 3+1

5−2 (   ) 4−2   5−2 (   ) 2+2   5−3 (   ) 1+3

3+2 (   ) 3−2   2+3 (   ) 1+1   3−2 (   ) 3−2

2−1 (   ) 2+1   4−2 (   ) 6−4   8−6 (   ) 6−3

More Challenges

6+5+2=   8+1+6=

9+0+4=   7−1−5=

Evaluation: ☆ ☆ ☆

reflection

16

+Day 17 −

Da📅e: _____ Ti🕐e: _____ Mo😊d: _____

Basic Arithmetic Practice

3−2 (   ) 3+2   5−4 (   ) 2−1   5−2 (   ) 1+2

5−1 (   ) 1+4   1+2 (   ) 3+1   5−3 (   ) 4−2

3−1 (   ) 5−3   3−1 (   ) 5−2   4−2 (   ) 3−1

5−4 (   ) 1−1   3−2 (   ) 4−3   5+2 (   ) 1+7

9−1 (   ) 6+1   1+5 (   ) 7−5   3−2 (   ) 5−4

More Challenges

9−2−0=   8−5−3=

9−1−2=   8−3−5=

Evaluation: ☆ ☆ ☆

reflection

+Day 18 −

Basic Arithmetic Practice

5+4 (   ) 3+3   3+6 (   ) 3+1   4+3 (   ) 2+4

7+2 (   ) 2+3   5−4 (   ) 9−8   9−2 (   ) 9−1

5−4 (   ) 3−1   3−2 (   ) 9−1   9−1 (   ) 8−5

7−5 (   ) 3−2   3−1 (   ) 2+2   9−6 (   ) 9−1

8−6 (   ) 2−1   8−2 (   ) 3+4   9−8 (   ) 6−5

More Challenges

7−3+5=   8+1+0=

0+9−4=   6+2−3=

Evaluation: ☆ ☆ ☆

reflection

18

+Day 19–

Da📅e: _____ Ti🕐e: _____ Mo😊d: _____

Basic Arithmetic Practice

7+2 (   ) 4+2   2+2 (   ) 3+2   2+7 (   ) 1+4

3+2 (   ) 5+3   3+4 (   ) 1+8   8+1 (   ) 4+2

1+3 (   ) 1+6   9–2 (   ) 6–4   7–6 (   ) 6–5

8–4 (   ) 8–3   6–3 (   ) 4–1   9–3 (   ) 7–3

1+2 (   ) 1+6   8–2 (   ) 6–1   7–3 (   ) 6–2

More Challenges

7+1+0=   3+6–4=

6+1–1=   2+2+4=

Evaluation: ☆ ☆ ☆

reflection

+Day 20 –

Basic Arithmetic Practice

6+3 (   ) 3+1   4+5 (   ) 2+6   2+3 (   ) 5+1

5+3 (   ) 3+3   1+4 (   ) 3+4   2+7 (   ) 7+2

9–7 (   ) 7–1   7–5 (   ) 5–4   9–8 (   ) 2–1

9–8 (   ) 4–3   7–4 (   ) 9–1   4–2 (   ) 8–2

8–3 (   ) 8–1   5–4 (   ) 8–5   8–7 (   ) 9–3

More Challenges

9–3–4=   8–0–7=

8+1–9=   2+5–6=

Evaluation: ☆ ☆ ☆

reflection

20

Da📅e: _____ Ti🕐e: _____ Mo😊d: _____

Basic Arithmetic Practice

7+3=   8+2=   1+9=

4+6=   5+5=   2+8=

3+7=   9+1=   10−4=

10−0=   10−5=   10−6=

10−7=   10−1=   10−9=

More Challenges

5+5−3=   3+7−5=

8+9−2=   6+4−9=

Evaluation: ☆ ☆ ☆

reflection

+ Day 1 −

Da📅e: _____ Ti🕐e: _____ Mo😊d: _____

Basic Arithmetic Practice

8+ (   ) =10   3+ (   ) =10   5+ (   ) =10

7+ (   ) =10   1+ (   ) =10   3+ (   ) =10

8+ (   ) =10   10− (   ) =1   10− (   ) =8

10− (   ) =4   10− (   ) =9   10− (   ) =6

10− (   ) =3   10− (   ) =2   10− (   ) =7

More Challenges

9+8−7=   2+9−1=

1+4−1=   4+5−6=

Evaluation: ☆ ☆ ☆

reflection

+Day 2–

Basic Arithmetic Practice

10+0=   10+1=   10+2=

10+8=   10+3=   10+9=

10+7=   10+5=   10+6=

10+4=   5+10=   4+10=

6+10=   10−8=   10−2=

More Challenges

9+7−5=   5+9−4=

6+3−6=   8+6−3=

Evaluation: ☆ ☆ ☆

reflection

+Day 3−

Basic Arithmetic Practice

12+1=	11+8=	12+6=
13+1=	14+5=	15+2=
12+4=	14+1=	12+7=
11+6=	15+4=	13−3=
14−4=	12−2=	15−5=

More Challenges

10+8−4=	9+5−2=
8+9−2=	5+13−1=

Evaluation: ☆ ☆ ☆

reflection

+Day 4 −

Basic Arithmetic Practice

11+4=   12+3=   15+1=

17+2=   14+2=   15+4=

11+3=   13+2=   16+1=

18+0=   12+2=   11−1=

16−6=   18−8=   19−9=

More Challenges

6+4−9=   3+14−7=

4+10−10=   2+8−2=

Evaluation: ☆ ☆ ☆

reflection

+Day 5 –

Basic Arithmetic Practice

15+1=	12+5=	14+2=
13+3=	16+2=	17+1=
14+3=	13+4=	11+4=
12+6=	11+8=	12+4=
12+1=	15+2=	16+3=

More Challenges

5+14–9=   10+7–6=

8+7–10=   5+4–6=

Evaluation: ☆ ☆ ☆

reflection

+Day 6-

Basic Arithmetic Practice

17+2=   11+2=   15+2=

15+3=   14+5=   15+4=

11+8=   12+6=   16−6=

11−1=   15−5=   13−3=

18−8=   12−2=   14−4=

More Challenges

3+15−7=   3+2−1=

14+4−7=   5+11−10=

Evaluation: ☆ ☆ ☆

reflection

Basic Arithmetic Practice

4+ (   ) =15   7+ (   ) =19   6+ (   ) =18

0+ (   ) =19   18– (   ) =10   17– (   ) =10

19– (   ) =16   19– (   ) =17   11– (   ) =10

14– (   ) =10   12– (   ) =10   12– (   ) =11

17– (   ) =13   14– (   ) =11   15– (   ) =10

More Challenges

4+14–1=   11+2–1=

6+6–2=   15+3–8=

Evaluation: ☆ ☆ ☆

reflection

Basic Arithmetic Practice

2+ (　　) =16   5+ (　　) =18   1+ (　　) =19

3+ (　　) =15   7+ (　　) =18   19− (　　) =13

17− (　　) =11   12− (　　) =10   13− (　　) =10

16− (　　) =14   14− (　　) =12   12− (　　) =11

17− (　　) =13   18− (　　) =15   19− (　　) =17

More Challenges

6+13−1=   15+3−8=

1+18−9=   15+4−6=

Evaluation: ☆ ☆ ☆

reflection

+Day 9−

Basic Arithmetic Practice

9+1=   9+3=   9+8=

9+7=   9+9=   9+2=

9+4=   9+5=   9+2+1=

9+6=   9+10=   9+10=

9+1+1=   9+1+2=   9+4+1=

More Challenges

6+10−6=   7+12−2=

4+12−4=   6+9−4=

Evaluation: ☆ ☆ ☆

reflection

+Day 10−

Basic Arithmetic Practice

9+6=   6+5=   9+2=

9+4=   8+9=   8+2=

8+10=   7+5=   6+2=

8+7=   6+7=   8+8=

6+9=   7+8=   8+3=

More Challenges

7−6+13=   11+8−5=

14+2−5=   2+10−2=

Evaluation: ☆ ☆ ☆

reflection

Da📅e: _____ Ti🕐e: _____ Mo😊d: _____

Basic Arithmetic Practice

9+7 (　　) 9   9+9 (　　) 18   9+3 (　　) 12

9+7 (　　) 15   9+9 (　　) 17   9+9 (　　) 18

9+6 (　　) 13   9+6 (　　) 14   9+7 (　　) 12

9+7 (　　) 16   9+2 (　　) 12   9+4 (　　) 18

9+6 (　　) 15   9+9 (　　) 19   9+8 (　　) 17

More Challenges

14+4−7=   5+11−10=

4+14−1=   15+1−6=

Evaluation: ☆ ☆ ☆

reflection

11

+ Day 12 −

Date: _____ Time: _____ Mood: _____

Basic Arithmetic Practice

$8+6=$ $4+7=$ $8+4=$

$6+7=$ $8+9=$ $6+5=$

$7+8=$ $6+6=$ $6+9=$

$7+7=$ $8+3=$ $8+5=$

$7+6=$ $7+5=$ $8+8=$

More Challenges

$8+6-4=$ $11+2-1=$

$6+7-2=$ $1+5-4=$

Evaluation: ☆ ☆ ☆

reflection

12

+Day 13−

Basic Arithmetic Practice

8+5 (   ) 9   7+7 (   ) 9   6+4 (   ) 13

8+6 (   ) 15   9+7 (   ) 13   6+5 (   ) 19

8+8 (   ) 15   8+4 (   ) 14   7+6 (   ) 18

6+8 (   ) 11   8+5 (   ) 20   6+5 (   ) 9

9+6 (   ) 18   9+8 (   ) 19   7+5 (   ) 16

More Challenges

9+5−3=   6+6−5=

5+5−3=   13+2−5=

Evaluation: ☆ ☆ ☆

reflection

+ Day 14 −

Basic Arithmetic Practice

4+10=	2+9=	2+8=
5+10=	4+9=	4+8=
5+5=	4+7=	5+6=
4+6=	3+9=	3+7=
3+8=	5+7=	5+9=

More Challenges

14+1−6=   11+4−3=

11+3−4=   10+3−1=

Evaluation: ☆ ☆ ☆

reflection

14

Day 15 ±

Basic Arithmetic Practice

7+1+0=　　　　1+7+2=　　　　2+4+1=

1+1+3=　　　　0+9+0=　　　　4+0+2=

0+8+2=　　　　5+0+4=　　　　0+2+2=

7+0+3=　　　　5+5+0=　　　　1+3+6=

2+4+3=　　　　5+3+0=　　　　1+4+4=

More Challenges

17+2−5=　　　　　　13+3−5=

5+8−3=　　　　　　10+3−1=

Evaluation: ☆ ☆ ☆

reflection

Da📅e:＿＿＿＿ Ti🕐e:＿＿＿＿ Mo😊d:＿＿＿＿

Basic Arithmetic Practice

$1+1+7=$ $0+3+5=$ $2+8+0=$

$1+3+3=$ $6-1-5=$ $7-6-1=$

$9-6-0=$ $1-0-1=$ $10-4-2=$

$10-3-7=$ $6-5-0=$ $6-4-2=$

$10-3-0=$ $6+2+2=$ $8+1+1=$

More Challenges

$15+4-2=$ $5+13-1=$

$3+14-7=$ $5+14-9=$

Evaluation: ☆ ☆ ☆

reflection

16

Day 17 $\pm$

Date: _____ Time: _____ Mood: _____

Basic Arithmetic Practice

2–2–0=	7–2–3=	6–0–1=
9–3–4=	8–0–2=	5–2–2=
9–8+4=	9–2–3=	10–10+8=
8–7+0=	4–3+2=	5–5+3=
9–9+1=	9–8+5=	8–3–1=

More Challenges

1+16–4=	10+4–2=
6+4–2=	1+18–5=

Evaluation: ☆ ☆ ☆

reflection

Basic Arithmetic Practice

5−4+1=   5−5+5=   3−3+7=

10−10+6=   7−7+10=   7−6+9=

6−3+1=   6−5+4=   3−1+5=

2−2+5=   4−4+9=   10−10+7=

9−8+6=   8−7+9=   5+6+1=

More Challenges

8+11−5=   10+6−6=

13+2−6=   14+4−7=

Evaluation: ☆ ☆ ☆

reflection

Day 19 ±

Basic Arithmetic Practice

$7-3+2=$ $10-10+6=$ $7-7+10=$

$9-6+0=$ $3-3+10=$ $5-5+4=$

$1-1-0=$ $8-7+7=$ $8-7+5=$

$6-4+5=$ $7-6+5=$ $10-9+2=$

$9-5+3=$ $7-2-0=$ $9-6+6=$

More Challenges

$5+11-10=$ $10+9-8=$

$13+5-4=$ $18-6+1=$

Evaluation: ☆ ☆ ☆

reflection

±Day 20

Basic Arithmetic Practice

9+7+3=   9+1+7=   9+6+3=

9+1+3=   9+5+5=   9+3+7=

9+3+2=   9+1+1=   9+5+4=

9+6+5=   9+7+2=   7−5+8=

7−3+4=   8−8+6=   5−4+1=

More Challenges

1+2+3+4=   1+3+5+7=

2+3+4+5=   2+4+6+8=

Evaluation: ☆ ☆ ☆

reflection